U0288434

XIAO AIYINSITAN
小爱因斯坦
SHENQI XINGQIU
DA BAIKE
神奇星球大百科

GAIBIAN SHIJIE DE

FAMING YU FAXIAN

改变世界的 发明与发现

————— [英] North Parade 出版社◎编著　　滕 飞　王少辉◎译

云南出版集团　晨光出版社

目录

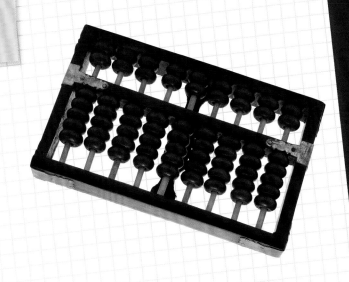

发明与发现

发明，就是创造出以前从未存在过的东西。发现，就是找到之前一直存在的事物，但不了解其存在的地方或事物的信息。

人类文明的历史长河中，有无数勇敢的探险家。为了探索未知，有些人飞向天空，有些人潜入深海。

发明家是知识的探索者，他们花大把的时间待在实验室里。创新需要新思想和新方法。

古代许多发明和发现是被现代考古学家发现后，才广为人知的。

没有什么能让勇敢的探索者们停止他们探险的旅程。的确，许多发现都是偶然的产物，但是，却不能否认这些探索者们所做出的巨大努力。天佑勇者！

登陆南极洲。

小贴士

第一部专利法于1474年在意大利产生。然而，专利的概念在古希腊时期就已经存在了。

专　利

发明者申请专利，一旦获得专利，发明者就可以出售一定年限的专利。专利可以保护发明人的合法权益。

专利税

如果你使用别人的发明或者专利创意，你需要向发明者支付费用，这就是专利税。

史前时期

没有人可以确切地说出在没有文字记载时期的各种不同发明的具体时间。我们通常把这类发明归结为"史前发明"。

火

很久以前，史前人类学会了用两块石头撞击生火。摩擦产生的火花，最终变成了火焰。慢慢地，他们学会了在冬天做饭、取暖，生活变得舒适一些了。

种子

约从公元前10000年开始，人类通过播种的方式种植植物。自从学会了农耕的基本知识后，人类游牧的生活方式发生了变化，开始在一个地方定居下来。

史前人类使用火。

陶　器

史前人类通过制作圆形黏土容器来制作陶器。他们把一团黏土放在一个圆形底座上，做出圆形陶土容器之后，在火中烘烤，做成陶器。

弓和箭

弓和箭是人类最早用于狩猎的武器，大约发明于公元前15000年。

箭通常有刺尖。

早期的弓是用木头做的。

针和线

针和线是史前时代有趣的发明。针通常是由骨头或象牙制成的，线是用动物的筋、马鬃或马尾毛制成的。早在约公元前15000年就有了针和线。

小贴士

文身——早在40万年前，史前人类就开始用天然的赭石和氧化铁来装饰他们的身体。为了制造颜料，他们还发明了研磨机。

哇！

巨石阵

英国的巨石阵是在约公元前5000年—公元前3000年建造的。这也标志着工具的第一次使用，例如红鹿的鹿角被用在建筑上。

编　织

人们认为早期的女性发明了编织技术。在史前时代，人们用芦苇编织成小容器，就像我们现在使用的篮子一样。

巨石阵的一部分——第一个天文观测台，用于测量太阳和行星的升降位置。

古埃及

一提到古埃及，我们的脑海中就会浮现出木乃伊和金字塔。其实，这个文明古国还有许多其他神奇的发明。

纸莎草纸

制造写字用的纸，是由古埃及人最先想出的。他们学会了用纸莎草的植物纤维来造纸。

帆

埃及因尼罗河而著名。古埃及人很早就有了水运的概念。他们发明了船上的帆。

第一台牛拉犁

有了牛拉犁后，人们便开始犁地了。古埃及人在约公元前2500年发明了牛拉犁。从那以后，人类开始种植农作物。

象形文字

古埃及人还发明了早期的象形文字。纸莎草纸和象形文字极大地帮助了知识的传播和保存。

汲水吊杆

汲水吊杆是古埃及人的伟大发明。它可以帮助人们灌溉肥沃的土地。人们用它从大河里收集水，比如从尼罗河里抽水灌溉农田。

古埃及还在公元前238年发明了第一个闰年日历。

高度组织化的劳动力建造出不可思议的建筑。

365天日历和闰年

第一个365天科学日历出现在古埃及。

有组织的劳动

古埃及以其奇妙的金字塔而闻名。这种宏大的建筑在古埃及人强有力的有组织的劳动下完成。许多人工作了几十年，才建造出这些金字塔！

小贴士

我们使用的很多家居用品都是古埃及人发明的。他们发明了剪子、锁，甚至还有制冷系统。

太棒了!

美索不达米亚

伊拉克和伊朗的部分地区以及叙利亚和土耳其组成了古美索不达米亚。美索不达米亚人包括苏美尔人、巴比伦人和亚述人。苏美尔人是美索不达米亚最早的居民。

战　车

战车是美索不达米亚的发明，这使运输变得简单。战车也用于作战。

釉面砖

各种各样颜色的釉面砖是美索不达米亚建筑的特色。巴比伦著名的伊什塔尔大门就是最好的例证。

美索不达米亚战车。

360度

当美索不达米亚人学会将一个圆分割成360度时，计时和几何的发展都产生了新的转变。

西洋双陆棋起源于美索不达米亚。

攻城锤

早期的美索不达米亚士兵发明了攻城锤，用来攻破敌人的城墙。

跳棋游戏

美索不达米亚人酷爱室内游戏。最早的棋盘可以追溯到约公元前3000年，是在伊拉克的乌尔发现的。

小贴士

美索不达米亚人使用了一个以60为进位计算制的计算系统，这个系统产生了小时、分钟和秒的概念。

谢谢你！

播种犁

播种犁是美索不达米亚早期的发明，它能在耕田的同时往沟里播撒种子。关于其起源还流传着一些神话传说。

《汉穆拉比法典》——最早的成文法典。

汉穆拉比法典

汉穆拉比是美索不达米亚的古老城市巴比伦的统治者。他制定了《汉穆拉比法典》——法律史上最早的成文法典。

中国指明了方向

很久以前，中国人发明了一种定位方向的技术。他们用一块方形金属板和一块勺子形状的磁石制作了世界上第一枚指南针。中国还有其他不计其数的发明，推动了人类文明的发展。

烟 花

中国制造出了世界上第一支烟花。人们把火药塞到竹筒中，再用火点燃，就产生了绚烂动人的烟花。

纸

中国的蔡伦改进了造纸术。他把树皮、麻头、稻草等原料剪碎或切断浸在水里捣烂成浆，再把浆捞出来晒干，就成了好用的纸。

人们先制作出竹浆，然后将其泼在一块粗布上。水从布里蒸发出来后，一张平整粗糙的纸就做成了。

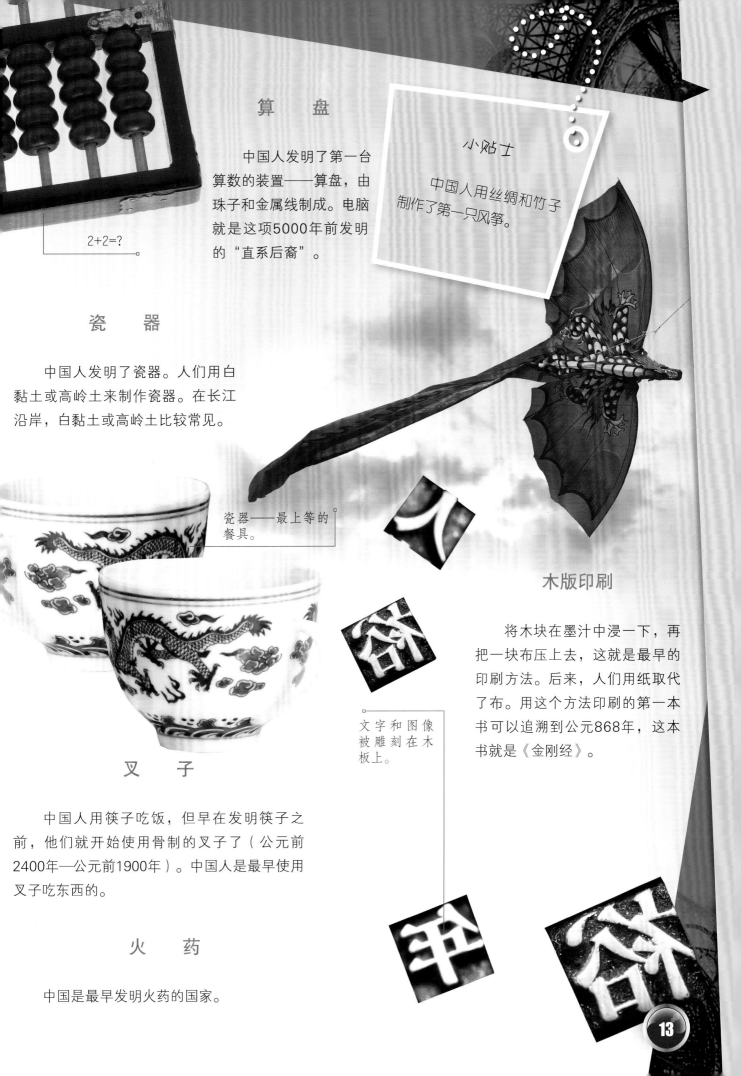

算　盘

中国人发明了第一台算数的装置——算盘，由珠子和金属线制成。电脑就是这项5000年前发明的"直系后裔"。

2+2=?

小贴士

中国人用丝绸和竹子制作了第一只风筝。

瓷　器

中国人发明了瓷器。人们用白黏土或高岭土来制作瓷器。在长江沿岸，白黏土或高岭土比较常见。

瓷器——最上等的餐具。

木版印刷

将木块在墨汁中浸一下，再把一块布压上去，这就是最早的印刷方法。后来，人们用纸取代了布。用这个方法印刷的第一本书可以追溯到公元868年，这本书就是《金刚经》。

文字和图像被雕刻在木板上。

叉　子

中国人用筷子吃饭，但早在发明筷子之前，他们就开始使用骨制的叉子了（公元前2400年—公元前1900年）。中国人是最早使用叉子吃东西的。

火　药

中国是最早发明火药的国家。

希腊人——制图史

希腊人不仅向世人展示了如何建造令人惊叹的建筑，他们还引领了地图绘制和几何学的发展。

硬币

硬币诞生于吕底亚——现在的土耳其西部。然而，希腊人却利用硬币上的文字或图像来传播文化或展现荣誉。

地图

在希腊，阿那克西曼德绘制了世界上第一张地图。他绘制了一张世界地图、26张区域地图和67张当地地图。他生于公元前610年，卒于公元前546年。

戏剧

古希腊神狄俄尼索斯的崇拜者们在歌舞中扮演神话里的森林之神。约公元前500年，一位名为泰斯庇斯的牧师用散文代替了歌曲。这被视为第一部希腊悲剧，标志着戏剧的诞生。

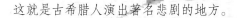

这就是古希腊人演出著名悲剧的地方。

毕达哥拉斯定理

毕达哥拉斯是公元前5世纪希腊的一位数学家。他发现，在直角三角形中，三角形最长边的平方，也就是斜边的平方，等于另两条边的平方之和。

沙　盘

希腊人把沙子铺在桌子上，然后用它做出各种几何图案。人们还在桌子上刻线，作为计数工具，鹅卵石是计数单位，这就是"沙盘"。

投石机

大约在公元前400年，希腊人发明了投石机。他们使用投石机投掷重箭攻击敌人。

希腊投石机。

阿基米德螺旋式泵
（螺旋升水泵)

阿基米德螺旋式泵不同于平常我们用来把物体连接起来的螺丝钉。这个螺旋泵可以把低处的水引到更高的地方。阿基米德在大约公元前300年制造了第一个螺旋泵。

哇！

小贴士

希腊人发明了呼啦圈。他们用竹子、木头，甚至草或藤蔓来制作呼啦圈。

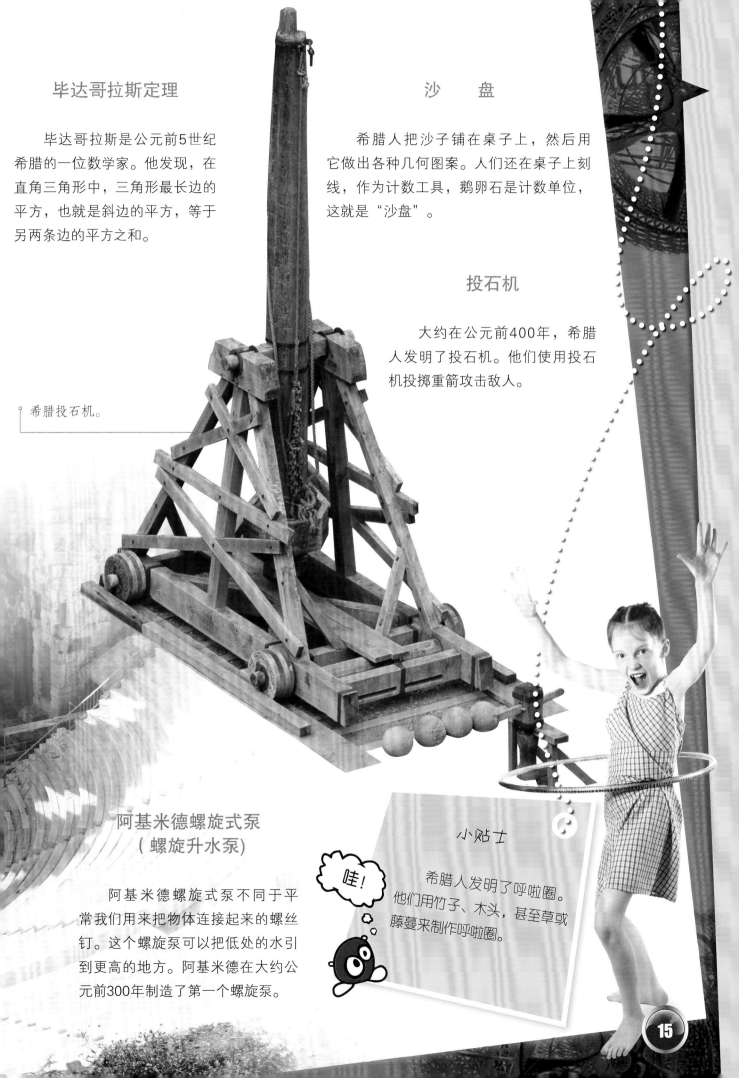

15

强盛的罗马

提起古罗马，其实并不只有角斗士和战车比赛。他们还创造了一些非常实用的发明，我们至今仍在使用。

玻璃吹制术

在玻璃吹制术出现之前，玻璃制造是一项特别昂贵的工艺，只有有钱人才用得起玻璃。但当古罗马人使用了玻璃吹制术，并雇用了国外的玻璃制作工人制作玻璃之后，人人都用得起玻璃了。

水　泥

古罗马人最先制造出了建筑用的水泥。他们在传统的砂浆中加入了火山灰，制成了水泥。

渡　槽

古罗马人发明了输水槽来给城市供水。现如今，许多城市仍然在使用古代罗马技术建造的引水渠。古罗马人在公元前312年到公元前226年之间共修建了11条渡槽。

桥　梁

古罗马人建造了巨大且耐用的桥梁。

哇！

水　坝

在古罗马，修建水坝是用来供人游览湖泊的。古罗马是第一个建造水坝的国家。时至今日，水坝仍在世界各地发挥着作用。

现代道路

现代道路和隧道是以古罗马的建造模式修建的。古罗马人开创了道路建设，后来世界各地纷纷效仿。

圆形露天竞技场

用于体育和娱乐活动的圆形露天竞技场是古罗马人的首创。角斗士们在这里进行决斗。

古罗马斗兽场是现今罗马可以看到的最早的圆形露天竞技场。

古印度

印度以其数学成就而闻名。印度人发明了数字"零（0）"。

日与夜

早在6世纪，一位印度数学家阿雅巴塔就计算出了地球绕太阳公转一周时自转的次数。

阿雅巴塔发现了日食的成因。

斗　鸡

斗鸡起源于约公元前2000年的印度河流域。这是印度河流域人们最喜欢的消遣方式。

尺　子

印度河流域是古印度文明的发源地，那里的人们第一次使用尺子进行测量。

斗鸡在许多国家是非法的。

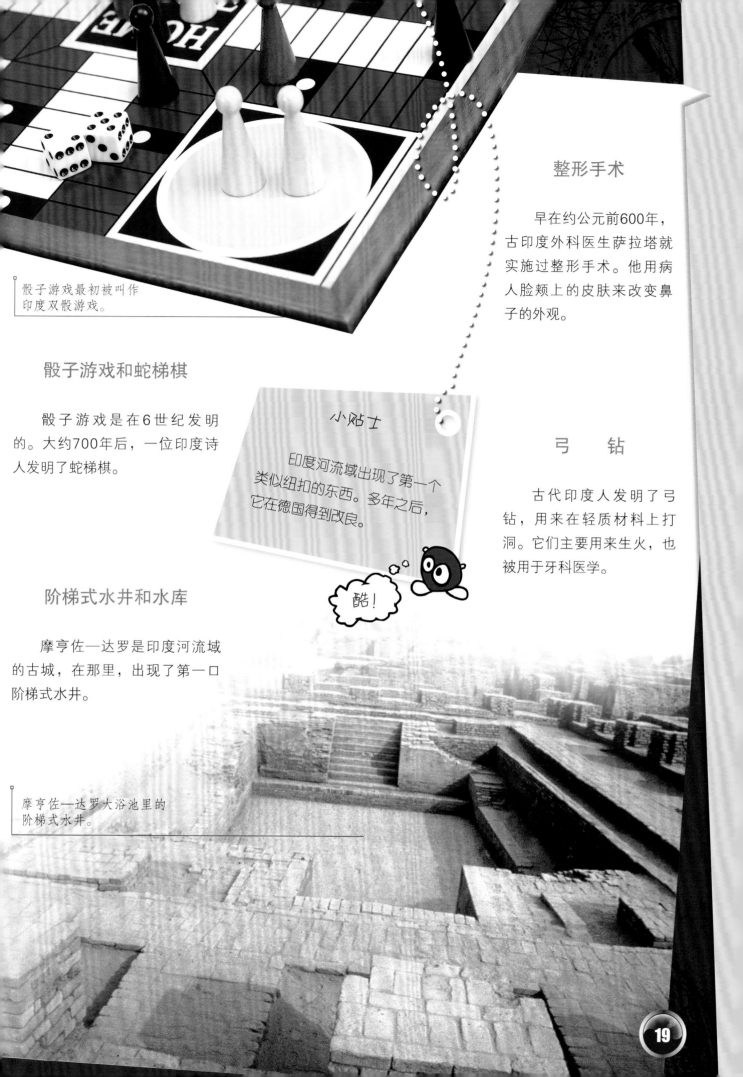

骰子游戏最初被叫作
印度双骰游戏。

整形手术

早在约公元前600年，古印度外科医生萨拉塔就实施过整形手术。他用病人脸颊上的皮肤来改变鼻子的外观。

骰子游戏和蛇梯棋

骰子游戏是在6世纪发明的。大约700年后，一位印度诗人发明了蛇梯棋。

小贴士

印度河流域出现了第一个类似纽扣的东西。多年之后，它在德国得到改良。

酷！

弓　钻

古代印度人发明了弓钻，用来在轻质材料上打洞。它们主要用来生火，也被用于牙科医学。

阶梯式水井和水库

摩亨佐—达罗是印度河流域的古城，在那里，出现了第一口阶梯式水井。

摩亨佐—达罗大浴池里的阶梯式水井。

美洲原住民

早在克里斯托弗·哥伦布发现美洲之前，美洲原住民就居住在美洲，他们创造了许多了不起的东西。

冷冻干燥法

印加人过去常常把他们的庄稼储存在终年寒冷的高山上。这是食物冷冻干燥法的开始。

玛雅历法

玛雅历法中每年有18个月，每月20天，再另加5天组成一年。

哈布历又称民用历，就是玛雅人发明的。

梯田耕作

在印加人生活的地方——秘鲁，人们发现了第一个梯田种植的遗迹。

古代秘鲁梯田农耕遗迹。

皮　艇

一支名叫因纽特人的美洲原住民发明了皮艇。因纽特人生活在北极地区。

吊　桥

悬桥，也被称为"吊桥"，在7世纪的中美洲被发明。

皮艇流线型的造型使它在水中划得很快。

小贴士

玛雅文明、阿兹特克文明以及其他一些文明都聚集在中美洲。

团体运动

中美洲的球赛是最早出现的团体运动。他们用一个橡皮球来进行这项比赛，妇女和儿童也参与其中。

这项比赛很酷！

勇敢的探险家

13到16世纪，人类社会出现了一系列的探索发现，许多新大陆和贸易路线开始为世界所知。

瓦斯科·达·伽马

雅克·卡地亚

雅克·卡地亚是一位法国探险家，他发现了今天的加拿大地区。

瓦斯科·达·伽马

瓦斯科·达·伽马发现了从欧洲到印度的海上航线。探索这条海上航线也是他父亲艾斯特维欧的理想，但可惜的是他的父亲没有实现。

马可·波罗和他的丝绸之路。

小贴士

丝绸之路将中国与欧洲和西亚分界，这也是中世纪最危险的贸易路线。

马可·波罗

马可·波罗是第一个周游中国、印度和斯里兰卡的西方人。他是忽必烈大汗的贵宾，在中国旅居了17年。

马可·波罗踏上中国之旅：1271年。

克里斯托弗·哥伦布发现美洲新大陆：1492年10月12日。

瓦斯科·达·伽马到达印度：1498年5月20日。

麦哲伦的维多利亚号于1522年9月6日返回西班牙。

麦哲伦

费迪南·麦哲伦驾驶的维多利亚号，是第一艘成功环游世界的轮船。然而，他在重返故土途中被菲律宾土著人杀害了。

弗朗西斯科·皮萨罗

哥伦布是受雇于西班牙皇室的意大利探险家。

克里斯托弗·哥伦布

克里斯托弗·哥伦布本打算寻找一条从欧洲到亚洲的直达航线。但他并没有到达亚洲，却意外地发现了美洲新大陆。

赫南·科尔特斯

在16世纪早期，西班牙探险家赫南·科尔特斯发现了墨西哥。之后，墨西哥便沦落在西班牙的统治之下。

弗朗西斯科·皮萨罗

弗朗西斯科·皮萨罗发现了南美洲。他还建造了秘鲁首都利马。他的父亲是赫南·科尔特斯（1485年—1547年，1521年征服阿兹特克帝国，后任新西班牙总督）的远亲。

弗朗西斯科·皮萨罗创建利马:1535年1月18日。

南·科尔特斯到墨西哥:1519年

费迪南·麦哲伦开始他的旅程:1519年8月10日。

雅克·卡地亚发现加拿大:1534年。

23

黑暗时代

中世纪，通常被称为"黑暗时代"，在这一时期诞生了一些非凡的发明。其实，它也并不是那么黑暗呢！

滴答！机械钟从中世纪就开始告诉人们确切的时间。

潮力磨坊

中世纪的人们在沿海地区建造了潮力磨坊。这些潮力磨坊利用水的能量来研磨谷物。

机械钟

早期的机械钟用于修道院。当钟声敲响时，僧侣们就开始做祷告了。

风　车

风车的雏形出现于约公元前200年。到了大约公元1100年左右，它们变成了我们今天看到的样子。中世纪的欧洲人用风车来磨玉米，荷兰人用于洪水中排水。

大自然提供能量，不用花一分钱哟！

沙漏

沙漏有两个空心玻璃球，一条非常细的瓶颈垂直连接玻璃球。上玻璃球内装满沙子，沙子全部漏到下玻璃球中需要整整一个小时。

上玻璃球

瓶颈

下玻璃球

桨

船桨的发明使水路运输发生了巨大的变化。

高炉

高炉是在公元1100年左右发明的，用于从矿石中提取金属。

小贴士

在13—14世纪，眼镜在欧州被发明出来。

纺车

第一台机械式的纺车，是在中世纪的欧洲发明的。

一台中世纪的纺车。

启蒙运动

"黑暗时代"开启了一场科学研究热潮，开创了一个新的时代——文艺复兴时期。两个时期的界限十分模糊。

显微镜

16世纪晚期，在英格兰，人们开始使用显微镜。马塞罗·马尔皮吉、罗伯特·胡克和安东尼·瓦里温赫克对此项发明做出了巨大贡献。

一台简易显微镜。

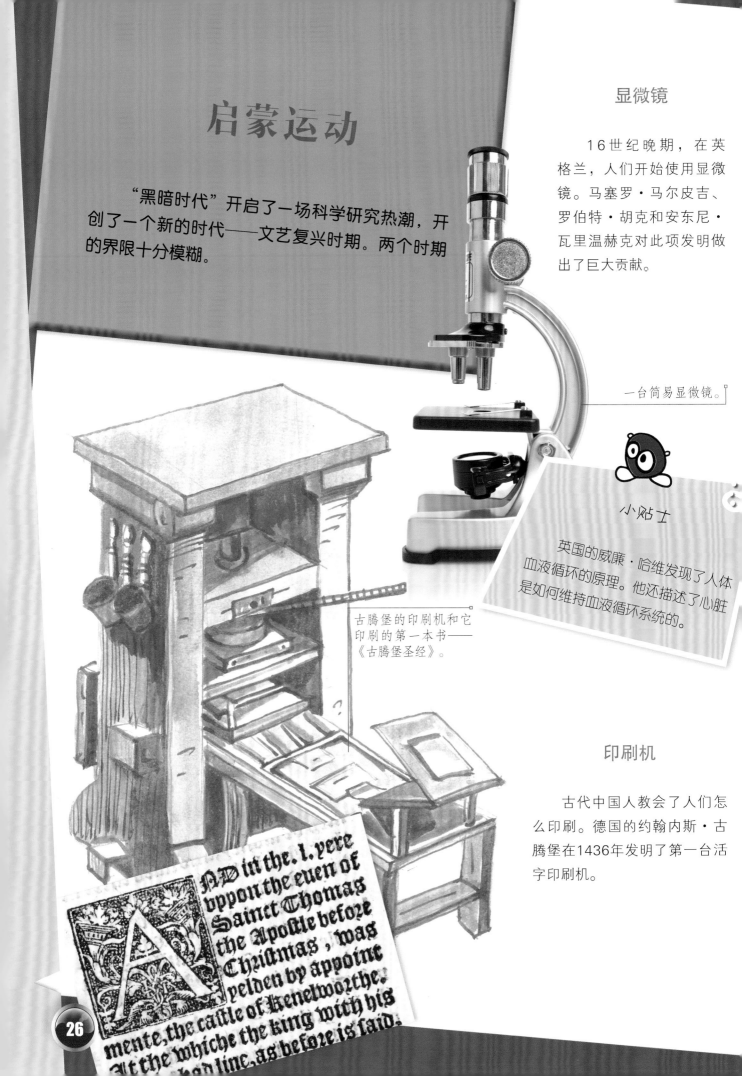

小贴士

英国的威廉·哈维发现了人体血液循环的原理。他还描述了心脏是如何维持血液循环系统的。

古腾堡的印刷机和它印刷的第一本书——《古腾堡圣经》。

印刷机

古代中国人教会了人们怎么印刷。德国的约翰内斯·古腾堡在1436年发明了第一台活字印刷机。

指南针在航海中的首次应用

虽然在中世纪之前就有指南针了，但它第一次用于航海是在1405年。

一块17世纪的航海罗盘。

一个古董地球仪。

望远镜

汉斯·利伯谢，一位移居到荷兰的德国眼镜制造商，在1608年发明了望远镜。

地球仪

德国航海家、商人马丁·贝海姆在1492年制造出了第一个地球仪。

星　盘

星盘的理论起源可以追溯到古希腊，但它真正的实际应用始于14世纪的英国。

手持星盘的哥白尼。

地球磁场

威廉·吉尔伯特是16世纪晚期著名的医生，他第一次指出地球是一块巨大的磁铁。

探索太空

太空无法阻止人类探索的脚步……

伽利略·伽利雷

尼古拉斯·哥白尼

尼古拉斯·哥白尼——波兰天文学家，利用数学原理建立了太阳系的概念。

尼古拉斯·哥白尼

伽利略

伽利略·伽利雷制造的望远镜比汉斯·利普雷什制造的望远镜倍数大了30倍。1610年，他用这架望远镜发现了木星的四颗天然卫星。

艾萨克·牛顿

艾萨克·牛顿发现地球上任何两个物体之间都存在引力作用。这条定律在宇宙的任何地方都适用。

艾萨克·牛顿

哈雷彗星

埃德蒙·哈雷仔细研究了牛顿定律。根据这些定律，他计算出在地球上观测到哈雷彗星需要76年。哈雷彗星将于2061年再次出现。

哥白尼完成了他的日心说理论：1543年。

伽利略发现木星卫星：1610年。

史普尼克一号和史普尼克二号发射：1957年。

尤里·加加林

1961年4月12日，苏联宇航员尤里·加加林乘坐载人飞船"东方号"出发，他是第一个进入太空并围绕地球轨道飞行一圈的人。

加加林在"东方号"宇宙飞船发射期间。

哦，不！

史普尼克人造卫星

苏联首次发射了绕地球飞行的人造卫星。他们被称为"史普尼克一号和史普尼克二号"。史普尼克二号携带了一条名叫莱卡的狗。这是进入太空的第一个生物。

史普尼克一号人造卫星。

宇航员埃德温·奥尔德林在月球表面。这是尼尔·阿姆斯特朗拍摄的照片。

人类登月

指挥官尼尔·阿尔登·阿姆斯特朗和登月舱飞行员埃德温·尤金·奥尔德林是第一批登上月球的人类。这次任务被称为"阿波罗11号"。

哈勃望远镜进入轨道：1990年。

"东方号"载人飞船发射：1961年4月12日。

阿姆斯特朗和奥尔德林登上月球：1969年7月20日。

第一个可重复使用的宇宙飞船发射：1981年。

健康就是财富

曾几何时，人们试图以超自然力量来解释各种疾病的原因。然而，随着医学和医疗保健技术的进步，医生们正在寻找形成各种疾病的自然因素，并据此来为人们治疗。

听诊器

1816年，雷内·西纳克发明了听诊器。

医学之父

希波克拉底是约公元前4世纪的希腊医生，他发现每一种疾病都有其形成的自然原因。他将医学研究确立为一门科学。

青霉素

1928年，亚历山大·弗莱明发明了青霉素。青霉素是第一批可以治愈肺结核和其他严重疾病的药物。

亚历山大·弗莱明

第一次输血：1818年。

塞缪尔·格斯里发现了氯仿：1831年。

乔纳斯·索尔克研制出口服脊髓灰质炎疫苗：1952年。

CAT或CT扫描

1972年，南非物理学家艾伦·科马克和英国工程师戈弗雷·霍斯菲尔德发明了CT扫描技术。CT扫描是用来给大脑拍照的。这项发明使得他们两人同时获得了1979年的诺贝尔奖。

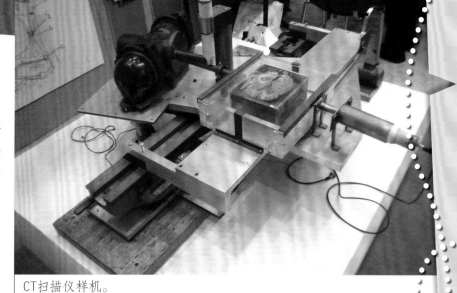

CT扫描仪样机。

注射器

金属注射器。

加布里埃尔·普拉瓦兹和亚历山大·伍德在1853年发明了皮下注射针——一个中空的针头。

麻醉

19世纪40年代，麻醉的发明使病人在手术过程中免受疼痛之苦。

真棒！

小贴士

全世界每年都有成千上万例心脏移植手术。

大曼彻斯特博物馆内的爱德华·詹纳雕像。

第一次疫苗接种

医生会往我们体内注射一种疾病的细菌，以达到对同一疾病抵抗的作用。这就是我们常说的疫苗接种。英国医生爱德华·詹纳在18世纪晚期发明了这种医疗手段。

路易斯·巴斯德和罗伯特·科赫证实了疾病的微生物理论：1870年。

乙型肝炎疫苗的推出：1981年。

第一例由劳伦特·蓝提里完成的全脸移植手术：2008年。

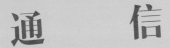

通　信

古罗马人在公元14年创造性地开展了邮政服务。几个世纪以来，纸张、印刷机和许多其他发明不断地促进通信系统的完善。然而，真正的通信技术浪潮出现在20世纪。

无线电广播

古列尔莫·马可尼是一位意大利科学家，发明了无线电。他在1902年进行了第一次成功的无线电通信。

电　话

1876年，亚历山大·格雷厄姆·贝尔发明了电话。

亚历山大·格雷厄姆·贝尔

贝尔德的电视设备。

电　视

1926年1月23日，约翰·洛基·贝尔德发明了世界上第一台机械电视设备。菲罗T·法恩斯沃斯在1927年发明了析像管，这被视作电视历史上的里程碑。

查尔斯·巴贝奇发明差分机：1822年6月14日。

康拉德·楚泽发明计算机Z1：1936年。

康拉德·楚泽发明计算机Z3：1941年。

埃克特和莫克利发明电子数字积分计算机：1946年2月14日。

查尔斯·巴贝奇的差分机——凭借这项发明，他成为计算机之父。

因特网

1989年，英国科学家蒂莫西·伯纳斯·李发明了万维网。最初使用万维网的目的是让在同一组织工作但却分散在世界各地的科学家共享信息。

电 脑

查尔斯·巴贝奇设计出了计算机的雏形。1941年，康拉德·楚泽发明了世界上第一台全自动计算机Z3。

小贴士

古列尔莫·马可尼用铁汞金属粉末与一个电话探测器成功地进行了实验。粉末检波器是1898年由印度科学家J·C·博斯爵士发明的。

移动电话

1973年4月3日，马丁·库珀博士发明了手机。2003年，更先进的3G手机取代了他发明的第一代手机或者说1G手机。

蓝牙——一种无线数据传输模式。

蓝 牙

1994年，贾普·哈特森和斯万·马蒂斯森发明了蓝牙技术。1998年，蓝牙技术被引入市场。

对讲机

唐纳德·L·海斯在第二次世界大战期间为加拿大士兵研发了对讲机。后来，对讲机被人们用作商业用途。

对讲机。

第一台个人电脑推出：1977年。

通用自动计算机——第一台商用电脑问世：1951年。

第一款电脑游戏推出：1962年。

道格拉斯·恩格尔伯特发明第一个鼠标：1964年。

能 量

我们做任何事都需要能量。能量以不同的形式存在，比如热、光和声音等。

本杰明·富兰克林

电

1831年，迈克尔·法拉第发明了世界上第一台发电机。

闪电和电

本杰明·富兰克林在雷雨天气放风筝时，发现了闪电与电之间的关系。最终，他发明了放电棒。

托马斯·爱迪生

蒸 汽

托马斯·萨弗里和托马斯·纽肯恩是研究蒸汽及其使用的先驱。后来，詹姆斯·瓦特发明了蒸汽机，开创了一个全新的时代。

灯 泡

1879年10月22日，托马斯·阿尔瓦·爱迪生用碳灯丝做出了第一个电灯泡。

水力发电

第一批水力发电厂建立于19世纪晚期。

太阳能电池板。

风力涡轮机

尽管风车的历史可以追溯到古代，但第一个自动风力涡轮机是在克利夫兰制造的，由查尔斯·F·布拉什在1888年安装完成。

风力涡轮机。

小贴士

查尔斯·弗里茨在1883年发明了太阳能电池。由于每个太阳能电池产生的电流都很低，所以将它们连接在一起，这样就形成了一个太阳能电池板。

电磁铁

汉斯·克里斯蒂安·奥斯特发现了电流的磁效应。基于这项研究结果，威廉·斯特金在1823年发明了人造磁铁或者叫作电磁铁。

前　进

陆地交通的传奇始于车轮的发明。苏美尔人的战车是人类陆运交通工具的雏形，如今最新最精密的火车和汽车仍然借鉴于这一雏形。

早期自行车

自行车

马　车

第一批四轮马车是在16世纪被匈牙利制造的。

早期蒸汽马车。

苏格兰邓弗里斯郡的柯克帕特里克·麦克米伦是一位铁匠，他在1839年发明了自行车。

第一辆汽车

1769年，尼古拉斯·约瑟夫·库钮发明了第一辆汽车。亨利·福特的T型车最初定价为825美元，是第一款民用汽车。

1911年的T型车。

尼古拉斯·库钮制造了世界上第一辆汽车：1769年。

让·约瑟夫·艾蒂安·雷诺阿制造第一台煤气发动机：1858年。

路易斯·雷诺发明鼓式制动器：1902年。

福特汽车公司制造T型车：1908年。

蒸汽机

托马斯·纽科门在1712年成功发明了第一台蒸汽机。1776年，詹姆斯·瓦特改进了这一技术，使其成为第一台商用蒸汽机。1804年，理查德·特雷维西克制造了第一台蒸汽机车。

蒸汽机车。

太棒了！

小贴士

磁悬浮列车不是靠轮子运行的，而是靠磁铁的吸引力。第一辆磁悬浮列车于1979年在德国问世。

柴油发动机

1897年，鲁道夫·狄塞尔制造了柴油发动机的原型。第一辆使用柴油的车辆是一辆农业拖拉机。欧洲几乎一半的汽车都使用柴油。

电力发动机

托马斯·帕克在1884年发明了电动汽车。

单轨列车在一条与地面相连的单轨上运行。

单轨列车

1821年，亨利·罗宾逊·帕尔默提出了单轨列车的想法。1925年，第一辆单轨列车沿着英国赫特福德郡的切斯特纳特线路运送乘客。

第一个混合动力引擎：1997年。

查尔斯·凯特灵发明电动马达：1911年。

动力转向系统问世：1926年。

卡尔·帕布斯特设计吉普车：1940年。

海上"骑士"

　　木筏的发明标志着生活在海边的史前人类拥有了最简单的海上交通工具。慢慢地，出现了许多以它为基础演化而来的更加精密复杂的船只。

皮　筏

　　1842年，约翰·弗里蒙特中尉使用贺拉斯·H·戴发明的橡胶制作了筏子，并在普拉特河上进行了漂流探险。而在古代，人们通常用木头、植物和芦苇制作简单的筏子。

维京船

　　维京人发明了狭长的船在海中航行，这种船在当时是航行速度最快的船。

维京船。

罗马战舰

　　在布匿战争之后，罗马人根据迦太基人的五桨座战船模型发明了他们自己的战舰，这使得罗马海军变得非常强大。

罗马战舰在暴风雨中被困。

舢　板

中国早期的战船。中国的舢板首次使用了多个桅杆。

舢板。

西班牙无敌舰队

1588年，西班牙统治者计划进攻英格兰，为此，建造了34艘军舰。这支用于特殊目的的舰队被称为"西班牙无敌舰队"。

奢华之旅！

豪华邮轮

豪华邮轮把人们从一个港口送到另一个港口。第一条豪华邮轮航线于1818年开通，往来于英国和美国之间。

潜　艇

克尼利厄斯·雅布斯纵·戴博尔在1620年建造了第一艘潜艇。而用于战斗的第一艘潜艇是大卫·布什内尔于1775年发明的"海龟号"。

小贴士

早在1670年，安东尼·迪恩爵士第一次在造船中使用了铁，之后早期的木船就被铁船取代了。

棒极了！

一艘停在水面上的潜艇。

潜艇第一次使用柴油发动机：1904年。

第一艘带着通气管桅杆的潜艇：1943年。

第一艘核动力潜艇诺第留斯号问世：1954年。

天空是有限的

征服天空一直是人类的梦想。气球和现代飞行器的出现使这个梦想变成了现实。

第一架飞机——莱特飞行器的复制品。

莱特飞行器

奥维尔·莱特和威尔伯·莱特制造了第一架成功飞向天空的飞机——"莱特飞行器"。奥维尔·莱特在1903年12月17日驾驶飞行器飞行了12秒。

热气球

约瑟夫·蒙戈尔费埃和雅克·蒙戈尔费埃在1783年6月4日成功试飞了第一个热气球。1783年10月15日，蒙戈尔费埃兄弟的热气球第一次运载了人类乘客。

双翼飞机

双翼飞机。

双翼飞机有两层机翼。莱特兄弟在1899年制造了他们的第一架双翼飞机。三年后，莱特飞行器试飞成功。

第一支英国皇家工兵气球部队成立：1878年。

第一架轰炸机问世：1912年。

齐柏林飞艇第一次用于军事攻击：1914年10月。

喷火战斗机问世：1936年。

三翼飞机

1908年，奥布罗伊斯设计出第一架三翼飞机。三翼飞机有三层机翼。

一架准备起飞的三翼飞机。

直升机

与其他使用固定机翼的飞机不同，直升机的机翼绕着桅杆旋转。法国工程师保罗·科努在1907年制造出第一架直升机，它能够在空中悬停相当长的时间。

直升机。

现代喷气式飞机

英国的弗兰克·惠特尔发明了喷气发动机。之后几年，第一架喷气式飞机才被制造出来。

超声速飞机。

超声速客机

1969年，英法联合制造协和式超声速客机，这是世界上第一架超声速客机。协和式超声速客机是飞行速度最快的客机。

格-1战斗机问世：1940年。

喷气式战斗机问世：1944年。

广岛和长崎原子弹爆炸：1945年。

联合攻击战斗机开始使用：2001年。

词汇屋

星盘：用来确定太阳、月亮、恒星和行星位置的仪器。

宇航员：驾驶航天器，并在航天中从事科学研究或军事活动的人员。

天文学家：研究宇宙和天体及其运行规律的专家。

投石机：一种用来快速投掷物体的工具。

彗星：绕着太阳旋转的一种星体，通常在背着太阳的一面拖着一条扫帚状的长尾巴，体积很大，密度很小。

CT扫描：计算机断层扫描—— 一种用于拍摄人体三维图像的方法。

牙科：为人们治疗牙齿疾病的医学学科。

探险家：探测新事物并寻找新发现的人。

舰队：担负某一战略海区作战任务的海军兵力，通常由水面舰艇、潜艇、海

军航空兵、海军陆战队等组成。

角斗士：古罗马的战士。

象形文字：描摹实物形状的文字，每个字有固定的读法，和没有固定读法的

图画文字不同。

斜边：直角三角形最长的边。

高岭土：较纯净的黏土，主要成分是铝和硅的氧化物。多为白色或灰白色粉

末，可塑性好，黏结力强，耐高温，用于制造瓷器和耐火材料等。因最早发

现于江西景德镇高岭，所以叫高岭土。

机车：用来牵引车厢在铁路上行驶的动力车。有蒸汽机车、电力机车、内燃机车等。通称火车头。

游牧：不在一个地方定居，随着水草情况的变化而变换地点放牧牲畜。

轨道：天体在宇宙间运行的路线。

纸莎草：长得像草的高大植物，生长在水中或水边。

火山灰：火山喷发出来的碎石和矿物质粒子等。

文艺复兴：指欧洲（主要是意大利）从14到16世纪文化和思想发展的潮流。

卫星：按一定轨道绕行星运行的天体，本身不能发光。

汲水吊杆：一种古代灌溉工具。

听诊器：听诊用的器械。也叫听筒。

编织：把细长的东西交叉组织起来，制成器物。

水坝：拦水的建筑物。

隧道：在山中、地下或海底开凿或挖掘成的通路。

雏形：未定型前的形式。

解密科学星球　发现美好世界

生活中除了英语和奥数，还有各种神奇美丽的植物、动物、地球、宇宙……坐上我们的"神奇星球"号飞船，带你在家看世界！

主题内容多元化，涵盖世界发明与发现、战斗机、汽车、地球、生物等。增加趣味科普、事实档案、小贴士、词汇屋等小板块，益智添趣，拓宽视野，丰富知识面。特别适合3～6岁亲子共读或7～12岁的孩子自主阅读。

图书在版编目（CIP）数据

改变世界的发明与发现 / 英国North Parade出版社编著；滕飞，王少辉译. 一昆明：
晨光出版社，2020.8
（小爱因斯坦神奇星球大百科）
ISBN 978-7-5715-0338-3

Ⅰ.①改… Ⅱ.①英… ②滕… ③王… Ⅲ.①创造发明—世界—少儿读物②科学发现—世
界—少儿读物 Ⅳ.①N19-49

中国版本图书馆CIP数据核字（2019）第217806号

著作权合同登记号 图字：23-2017-119 号

GAIBIAN SHIJIE DE
FAMING YU FAXIAN

改变世界的 发明与发现

XIAO AIYINSITAN
小爱因斯坦
SHENQI XINGQIU
DA BAIKE
神奇星球大百科

［英］North Parade 出版社◎编著
滕　飞　王少辉◎译

出 版 人　吉　彤

策　　划　吉　彤　程舟行
责任编辑　朱凤娟　马志宏
装帧设计　唐　剑
责任校对　杨小彤
责任印制　廖颖坤
出版发行　云南出版集团　晨光出版社
地　　址　昆明市环城西路609号新闻出版大楼
发行电话　0871-64186745（发行部）
　　　　　0871-64178927（互联网营销部）
法律顾问　云南上首律师事务所　杜晓秋

排　　版　云南安书文化传播有限公司
印　　装　云南金伦云印实业股份有限公司
开　　本　210mm×285mm　16开
字　　数　60千
印　　张　3
版　　次　2020年8月第1版
印　　次　2020年8月第1次印刷
书　　号　ISBN　978-7-5715-0338-3
定　　价　39.80元

晨光图书专营店：http://cgts.tmall.com/